BASIC HAIRCUT FOR MEN

남성 기초 커트

생활편

한국우리머리연구소

채선숙 · 윤아람 · 전혜민 공저

光文閣

머리말

인간은 자신의 신체를 통해서 아름다움을 추구하고 그 속에서 행복을 느끼며 살아간다. 이러한 인간의 심리는 미용 분야를 발전시키고 인간의 욕구를 충족하는 매우 중요한 역할을 한다.

미용에서 커트는 인간의 심리와 외모에 많은 영향을 미치고 있으며, 빠르게 변화하고 발전하는 현대 트렌드에 걸맞게 아름다움을 표현하고 있다.

또한, 미용 분야에서 커트에 대한 관심과 연구가 많지만 가족을 위한 생활 커트에 대한 연구는 다소 부족하다고 할 수 있다. 이에 '남성 기초 커트'는 이제 미용을 배우는 학생들과 미용을 처음 접하는 모든 사람과 가정에서 유용하게 활용될 것이다.

더불어 많은 국민이 관심을 갖고 실무를 배우고자 미용학원 및 뷰티 관련 학교 및 문화센터, 미용 봉사를 하고 있는 분들이나 커트 분야를 체계적으로 배우고자 하는 미용에 입문하는 분들에게 조금이나마 보탬이 되고자 이론과 실기에 대한 기초적인 내용을 알기 쉽게 준비하였다.

제1장은 남성 커트의 변천사 및 개념, 제2장은 두상 명칭과 라인의

분석, 제3장은 커트 도구의 종류 및 사용 방법, 제4장은 연령에 따른 디자인 커트, 제5장은 개성 있는 트렌드 커트, 제6장은 얼굴형에 따른 스타일링과 가르마 연출법, 제7장은 20~50대 여성을 위한 생활 커트로 생활 커트에 필요한 기본 개념과 기초 지식을 갖추고 현장에 대한 실무 등 다양한 방법을 기초로 하였다.

이 책이 미용 교육과 뷰티 산업 발전에 보탬이 되고 미용에 관심 있는 모든 분께 도움이 되고자 한다. 하지만 알기 쉽게 축소하다 보니 많이 부족하고 아쉬운 부분이 있다. 앞으로 이런 점들을 끊임없이 보완하고 수정해 나갈 것을 약속드리며, 뷰티 분야가 더욱 발전하기를 기원한다.

끝으로 본서가 출간될 수 있도록 참여해 주신 모델분들과 도움을 주신 분들, 출판하기 위해 지원해 주신 광문각 박정태 회장님과 편집에 수고를 해주신 관계 직원 여러분께 깊은 감사를 드린다.

2016년 겨울, 저자 일동

BASIC HAIRCUT FOR MEN

목차

CHAPTER 05 개성 있는 트렌드 커트 ······························· 69

CHAPTER **06**　**헤어 디자인 연출 방법** ························· 107

CHAPTER 07

CHAPTER **1**

남성 커트의 변천사 및 개념

남성 커트의 변천사

우리가 알고 있는 모발은 크게 3가지 기능으로 첫째, 신체 보호의 기능과 장식의 기능을 가지고 있다. 둘째 장식의 기능, 셋째 효의 기능, 넷째 직업, 지위, 계급, 신분, 혼인 여부 등의 신분 확인의 기능을 가진다.

1) 도입기의 헤어 스타일

19세기 말~1900년대 갑오개혁과 을사조약으로 서양 문물 도입, 문화 산업 등에서 근대화 정책 추진, 신분제도 폐지, 자율적 패션보다 제도적 개혁의 패션 발달로 땋은 머리와 상투 머리, 하이칼라 머리가 공존한 시기였다. 언론 및 잡지에는 기성복과 모자 광고가 많았고, 격식을 갖추어 입기 위해 하이칼라 스타일이 더욱 발달된 시기라고 말하고 있다.

(1) **상투 머리** : 성인 남성의 머리, 결혼을 하면 상투를 틀고 어른 대접을 받는 머리이다.

(2) **하이칼라 머리** : 단발령으로 생겨난 직업이 하이칼라 장사(이발소)였다. 하이칼라 머리와 함께 모자 상점도 발달되었다.

2) 정립기의 헤어 스타일

정립기는 1930년부터 1970년까지로서 제2차 세계대전과 6·25 전쟁의 영향으로 파괴와 침체기였으나, 경제 개발 계획으로 인해 생활이 차츰 안정되는 시기였다. 전쟁의 영향으로 인해 삭발 스타일과 하이칼라 스타일이 유행하였으며, 일부 장발과 웨이브 스타일도 등장하였다. 또한 이발소, 미용업 종사자가 증가하였으며, 이·미용이 대중화되는 시기라고 할 수 있으며 국민복풍의 양복이 등장하였다.

(1) **하이칼라 스타일** : 가르마를 한 스타일과 가르마 없이 뒤로 완전히 빗어 넘기는 올백 스타일이다.

(2) **상고 스타일** : 청소년에서 중년 남성들이 주로하는 기본적인 스타일로 양옆과 뒤를 클리퍼로 올려 깍고 윗머리가 5~10㎝ 정도가 되도록 커트한 스타일이다.

(3) **비달사순 스타일** : 각도에 의하여 기하학적인 새로운 스타일로 조형적인 아름다움을 살린 커트이다.

올백 스타일

포마드 스타일

하이칼라 스타일

3) 발전기의 헤어 스타일

　발전기는 1970년대 이후부터 현재까지 다양한 스타일로 세분화
되고 유행보다는 개성을 살리는 스타일을 선호한 시기로 이발소가
점점 쇠퇴되었다. 더불어 미용이 국제적인 무대에 발판을 마련하
여 미용 산업이 발전하였으며 이발소와 미용실의 중간 형태인 남
성 전용 미용실이 발전하고 있다.

　1982년 교복 자율화로 남학생의 삭발 머리와 여학생의 단발이
풀렸으며 그 이후 현재까지 모히칸(닭벼슬)머리와 퍼머넌트 스타일,
힙합 스타일, 댄디 커트의 대표적인 현빈 스타일, 투블럭, 쉼표, 휴
커트 등 다양한 스타일이 등장하였다. 현대에는 개개인의 개성을
추구하는 헤어 스타일이 대세이며 얼굴형에 맞는 커트와 헤어 스
타일을 선호하고 있는 추세이다.

02 PART
남성 커트의 개념

커트란 모발 길이의 변화, 모양의 형태, 길이, 질감, 방향등의 여러 요소를 이용하여 헤어 스타일을 만들어 주는 것을 말한다. 남성 커트시 일반적으로 모발의 길이를 먼저 커트하고 질감처리를 하지만 길이가 너무 잘라지는 것을 방지하고 시술을 용이하고 편하게 손질하기 위해서 질감처리를 먼저 하는 경우도 있다.

남성 커트의 종류는 상고머리로 중년 커트, 청소년 커트, 어린이 커트, 개성 있는 디자인 커트, 스포츠머리 등이 있으며 트렌드 커트는 현재 연예인들이 많이 하고 있는 투블럭 커트, 모히칸 커트, 울프 커트, 댄디 커트, 휴(쉼표) 커트 등 다양한 커트가 있다.

■ 남성 커트의 개념 및 자세

- 이용(이발)이란 복식 이외의 여러 가지 용모에 물리적, 화학적 기교를 행하여 미적 아름다움을 추구하는 수단이라고 할 수 있다.
- 이용업이란 손님의 머리카락 또는 수염 등을 깎거나 다듬는 방법 등으로 손님의 용모를 단정하게 하는 영업을 말한다.
- 남성 커트는 미적 감각을 위한 다양한 문화와 예술들을 이해하고 깊은 관심을 가져야 한다.

- 이용사의 자세는 서비스업인 만큼 항상 친절하고 고객의 의견과 심리를 존중하고 구강 위생을 철저히 유지한다. 또한 기술적인 면에서도 끊임없이 연구 개발해야 한다.

50~60대 남성 상고머리

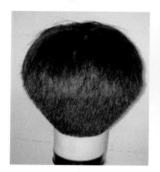 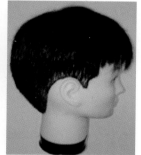

30~40대 남성 상고머리

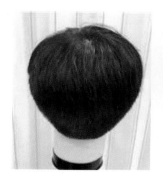 

10~20대 남성 상고머리

CHAPTER 2

두상의 명칭과
라인의 분석

PART 01
두상의 **포인트**

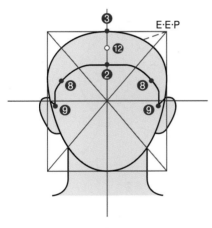

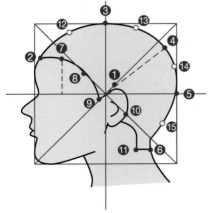

번호	기호	명칭
1	E.P	이어 포인트
2	C.P	센터 포인트
3	T.P	톱 포인트
4	G.P	골든 포인트
5	B.P	백 포인트
6	N.P	네이프 포인트
7	F.S.P	프론트 사이드 포인트
8	S.P	사이드 포인트
9	S.C.P	사이드 코너 포인트
10	E.B.P	이어 백 포인트
11	N.S.P	네이프 사이드 포인트
12	C.T.M.P	센터 톱 미디움 포인트
13	T.G.M.P	톱 골덴 미디움 포인트
14	G.B.M.P	골덴백 미디움 포인트
15	B.N.M.P	백 네이프 미디움 포인트

PART 02
두상의 7라인(Line)

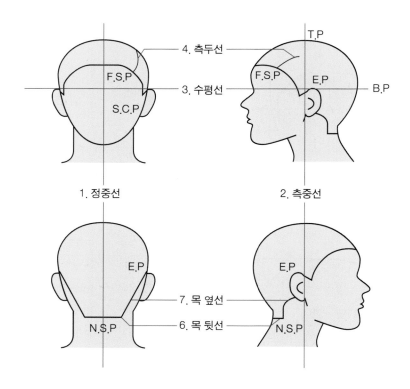

4. 측두선

T.P

F.S.P

3. 수평선

E.P

B.P

S.C.P

1. 정중선

2. 측중선

E.P

7. 목 옆선

6. 목 뒷선

N.S.P

■ 블로킹(Blocking)의 이해

번호	명칭	라인의 성명
1	정중선	코의 중심을 통한 머리 전체를 수직으로 두른 선
2	측중선	귀 뒷부리를 수직으로 두른 선
3	수평선	E.P의 높이를 수평으로 두른 선
4	측두선	F.S.P에서 측중선까지 연결한 선
5	페이스 라인	S.C.P에서 S.C.P를 연결해서 전면부에 생기는 전체
6	목 뒷선	N.S.P에서 N.S.P를 연결한 선
7	목 옆선	E.P에서 N.S.P를 연결한 선

■ 라인(Line)의 분석

1. 호리존털 : 자연에 대해서 평행한 라인(수평선)

2. A라인 다이애거널 포워드 : 얼굴에서 앞쪽으로 길어지는 대각선(전대각)

3. V라인 다이애거널 백 : 얼굴에서 뒤쪽으로 길어지는 대각선(후대각)

4. 버티컬 : 자연에 대해서 수직인 라인(수직선)

 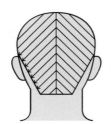 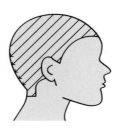 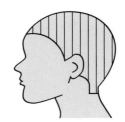

1. 호리존털　　2. A라인 다이애거널 포워드　　3. V라인 다이애거널 백　　4. 버티컬

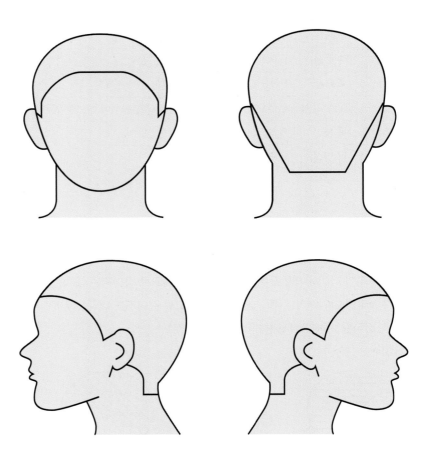

CHAPTER 3

커트 도구의 종류 및 사용 방법

빗은 5000여 년 전 승문 시대(일본의 즐문토기 시대) 말경부터 사용되었다.

1) 빗의 종류

커트 빗의 크기는 다양하기 때문에 모발의 길이와 용도에 따라 바꾸어 사용하며 대, 중, 소를 가지고 사용된다.

2) 빗의 용도

빗의 사용 용도별 분류를 보면 커트 빗, 정발 빗, 아이론 빗, 꼬리 빗, 염발 빗 등이 있다. 빗의 선택 시 커트 빗은 모발을 나누고 뜨거나 곱게 빗질하는 데 사용하기도 하고 커트 시 눈금자로 사용하기도 한다. 빗살 끝이 너무 뾰족하지 않아야 하고 두피를 보호할 수 있어야 한다. 견고한 소재의 재질로 만든 빗이어야 하며 빗의 허리부분이 너무 매끄럽지 않고 끝이 약간 둥근 각이 사용하기에 편리하다.

3) 빗을 잡는 방법

(1) 빗 잡는 방법 1

잡는 면적이 넓어야 빗질이 용이하고 섬세한 작업이 가능하다
연속 깎기(싱글링), 얼레깎기(굴리기), 지간깎기, 소밀작업 등 사용의 범위가 넓다.

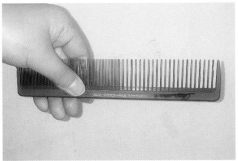

(2) 빗 잡는 방법 2

손바닥을 편 상태에서 네 손가락에 빗을 올린 후 엄지손가락으로
가볍게 잡는다. 면 자르기, 섬세한 작업, 싱글링에 많이 사용한다.

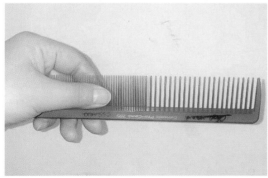

02 PART
가위

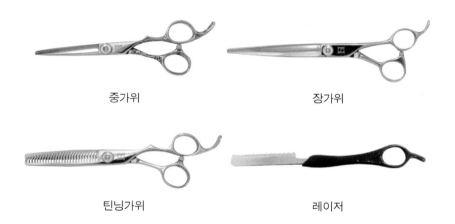

중가위

장가위

틴닝가위

레이저

1) 가위 잡는 방법

① 빗을 잡는 손으로 가위의 잠금 나사 부분이 자신을 바라보도록 잡는다.

② 오른손의 약손가락을 끼운다.

③ 약지손가락의 두 번째 관절과 세 번째 관절 사이에 사선으로 가위를 놓는다.

④ 손목을 밖을 향해 45도로 비튼다.

⑤ 유동 날의 링은 엄지손가락을 끼우고 너무 많이 들어가지 않도록 한다.

⑥ 손등은 힘을 주고 엄지 부분의 동작만으로 움직인다.

⑦ 고정 날은 평행 상태로 유지한다.

⑧ 커트를 하지 않을 때에는 가위의 날을 닫은 뒤 엄지환에서 엄지손가락을 빼고 가볍게 주먹을 쥐는 자세를 취한다.

⑨ 가위의 개폐는 엄지손가락을 너무 깊이 넣으면 개폐가 어렵기 때문에 엄지손톱의 1/3을 넘지 않게 한다.

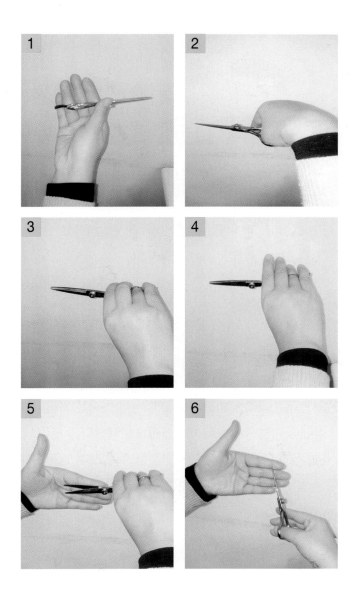

2) 자르는 방법 및 손 연습

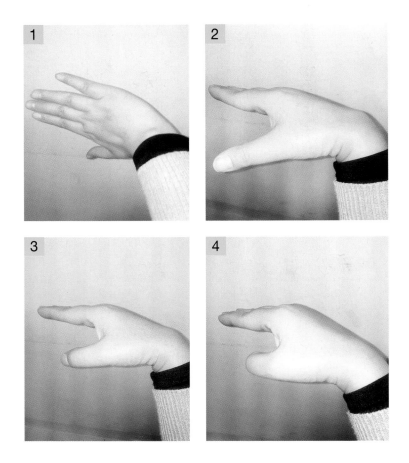

- 가위 개폐 연습 전에 손가락을 바르게 펴고 다른 손가락은 움직이지 않는 고정된 상태에서 엄지만 움직이는 연습을 반복한다.
- 반복적인 연습을 통해 가위질의 떨림을 방지할 수 있으며 엄지손가락 쪽의 근육을 발달시켜 가위를 흔들림없이 고정하면 정확한 커트를 할 수 있다.

PART 03
클리퍼

1871년 프랑스의 '바리캉 마르' 기계제작소의 창업자 바리캉에 의해 발명되어 현재까지 그 명칭이 사용되고 있다. 바리깡은 일명 클리퍼라고 한다. 우리나라는 일본을 통해 1910년에 보급되어 현재까지 사용되고 있다.

클리퍼(소)

클리퍼

1) 빗과 클리퍼

- 빗은 자 역할을 하며 클리퍼는 자(빗)을 댄 모발을 정확히 자른다.
- 빗의 시술 각과 클리퍼의 각도는 동일하게 해야 한다.
- 빗을 정확히 대기 위해 손가락은 지지대 역할을 한다.

2) 클리퍼 선택법

- 클리퍼는 윗날, 밑날, 핸들의 3구분으로 구성되어 있으며 재질은 날 부분은 강철, 핸들은 주철로 되어 있다.

3) 클리퍼 손질법

- 클리퍼 사용 후에는 모발을 깨끗이 털어내고 소독수에 잠시 담가 두었다가 수분을 제거한 후 기름칠을 해서 소독장에 보관한다.

4) 클리퍼 잡는법

- 날의 방향을 위로 향하게 하고 엄지는 몸체에 얹는다.
- 클리퍼 뒷면은 몸체 중심에 나머지 네 손가락을 가볍게 얹는다.
- 손목이 꺾이지 않게 하기 위해 연필 잡는 자세로 잡는다.

날의 방향이 위로 향함

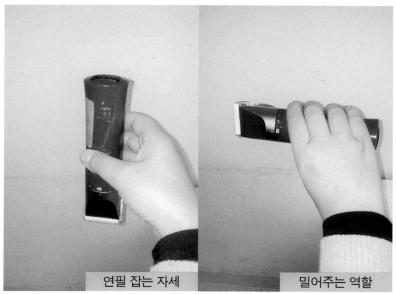

연필 잡는 자세

밀어주는 역할

04 PART
레이저

동양인의 모발은 모질이 두껍고 직모인 경우가 대부분이다. 두꺼운 모발이나 직모인 한국인의 헤어 스타일은 블런트 컷만으로는 스타일 창출이 힘들기 때문에 레이저(Lazor)를 사용한다.

젖은 모발에서 시술하는 것에 따라서 모발의 길이, 양, 흐름에 대한 시술이 가능하다. 과도하게 잘릴 위험성이 있고 모발의 표면이 손상되기 쉬우므로 주의하여야 한다.

1) 레이저 잡는 방법

안전 커버가 있는 스틱 타입의 레이저는 엄지와 검지 사이에 레이저를 잡고 중지와 약지로 받쳐서 잡아준다. 모발 끝에서 약간의 율동감을 만들 때는 연필을 잡을 때와 같은 방법으로 잡는 펜슬 핸드법이 있다.

2) 패널 잡는 방법

　모발을 검지와 중지 사이에 넣고 힘을 균등하게 분배한 후 손끝은 모발을 강하게 잡고 원하는 가이드보다 1~2cm 정도 띄운다. 레이저를 사선 45°로 잡고 손가락을 똑바로 펴서 잡음으로써 균등한 커트가 가능하다.

3) 모발에 들어가는 레이저의 각도

　기본적으로 모발에 대한 레이저의 각도는 15~30°가 이상적이다. 90°로 자를 경우는 모발이 잘리지 않고 모발을 긁어내는 역할을 하여 모표피가 손상이 된다.
　그러므로 모표피의 손상을 줄이기 위해서는 마른 모발보다 젖은 모발의 상태에서 레이저를 시술하는 것을 권장한다.

05 PART
스타일 구성 방법

헤어 디자인의 창출에 앞서 고객에 대한 컨설테이션(Consultation)은 헤어 디자인에 큰 영향을 끼친다.

① 고객의 첫인상, 라이프 스타일, 이미지, 직업, 의상을 파악한다.

② 고객의 얼굴형을 유심히 살펴보고 고려하며 모질과 모류, 모량 체크를 한다.

③ 고객과 어울리는 페이스 라인(Face line)을 생각하며 두상의 형태를 파악하여 모발의 길이를 결정한다. 두상의 골격 보정을 위한 중간 섹션을 고려한다.

④ 커트 시술 전 시술 각을 머릿속으로 그려 보고 자연 시술 각과 일반 시술 각을 이해한다.

⑤ 질감 처리 시 틴닝의 사용법을 익혀 필요한 부위를 잘라낸다.

- 루트 틴닝 : 모류 보정(Root thinning)
- 이너 틴닝 : 골격 보정(Inner thinning)
- 라인 틴닝 : 볼륨감과 율동감 표현(Line thinning)

⑥ 스타일링에 따른 형태의 변화도 생각하여 보며 고객의 평소 손
질법을 고려한 커트를 한다.

TIP

헤어 스타일을 디자인할 때 생각해야 할 요소

- 직선과 곡선에 대한 이해   - 길고 짧음의 조합

- 선과 각도의 조합   - 2개 이상의 형태의 조합

- 면과 형태의 조합   - 움직임과 가벼움의 조합

도구의 사용법을 알아보자

CHAPTER 4

연령에 따른
디자인 커트

PART 01
커트 방법 및 이론

1) 커트 방법 및 이론

(1) 돌려 깎기

Side Point와 E.B.P까지 클리퍼와 빗의 각도를 이용한 커트 기법으로 Side 커트 시 매우 용이하다.

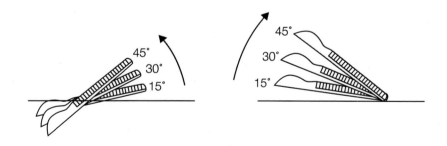

(2) 연속깎기

E.P 커트 시 유용하고 곡선 있는 장소 커트 시 사용된다.

(3) 밀어깎기

N.P와 Side 머리 커트 시 용이하고 아래에서 위로 올라가면서 커트 사용된다.

(4) 틴닝 커트

남성 커트 시 톱 부분의 무거운 느낌을 가볍게 하기 위한 커트 기법으로 질감을 잘 파악하면서 포인트 커팅을 한다.

(5) 체크 커트

체크 커트는 마무리 단계로 매우 중요한 커트 방법이다.

2) 앞머리 자르기

① C.P(정중앙)의 모발 한 가닥을 코에 맞춰 시술하고자 하는 길이(가이드라인)를 설정하여 0°로 커트한다.
② 자른 모발을 옆쪽으로 끌어당겨 옆머리와 사선으로 연결하여 커트한다.
③ 첫 번째 가이드라인으로 커트된 모발을 낮은 각도로 들어서 커트한다.
④ 첫 번째 층을 낸 가이드라인에 맞추어 2~4번 정도 자른다.
⑤ 앞머리가 짧게 잘리지 않도록 주의해야 한다.
⑥ 첫 번째 층을 낸 가이드라인에 맞추어 자른 후 세로로 클로스 체크한다.
⑦ 커트을 한 후 틴닝 가위로 다시 한 번 체크한 후 마무리한다.
⑧ 초보자의 경우 틴닝 가위을 사용하는 것이 안전하고 자연스럽다.

■ 커트 시 주의사항

- 모발을 자르기 전에 완성된 형을 기억하고 시작할 가이드라인 결정하고 작업에 임한다.
- 텐션을 너무 주어 머리 길이가 너무 짧아지지 않도록 한다.
- 젖은 모발을 자를 때에는 부분이 말라 완성 시 올라갈 것을 명심한다.
- 모발에 골고루 물을 뿌려 수분을 유지하고 모량을 너무 많이 잡지 않는다.
- 귀 부분과 연결할 때 기장을 고려한다.
- 샴푸 한 후 모발을 말린 상태에서 다시 한 번 마지막 체크한다.
- 홈케어 시 손질 방법이나 유지 방법을 알려준다.

시술 방법

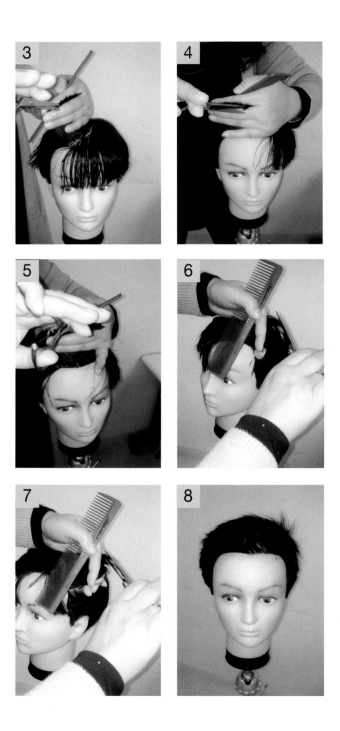

PART 02

50~60대 남성을 위한 커트

① C.P : 7~8cm, T.P 7~8cm, G.P 5~6cm, B.P 3~4cm N.P 0~1cm

② 전두부(앞머리) 부분에 모발을 7~8cm에서 커트한다.

③ 측두부(옆머리) 낮은 각도(20~30°)로 시작해서 귀 중간에서 2~3cm 정도 올려 깎아 구레나룻에 맞춘다.

④ 네이프 후면 부분은 3~4cm(손가락 3개) 정도 클리퍼를 사용하여 측두부 2~3cm(손가락 1개 반) 정도 연결하여 커트한다.

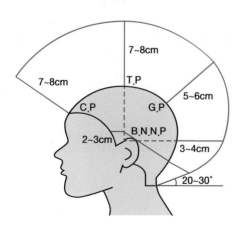

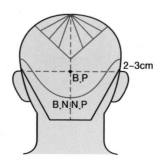

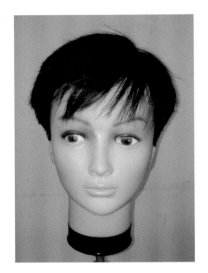

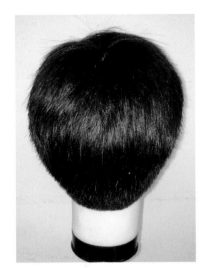

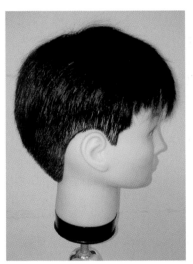

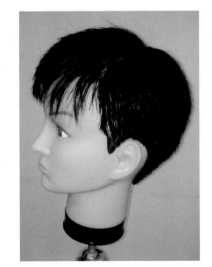

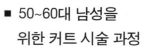

■ 50~60대 남성을 위한 커트 시술 과정

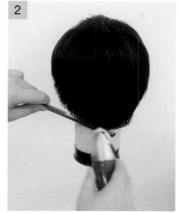

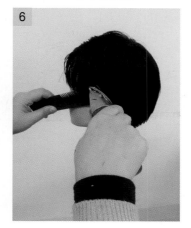

◀
네이프 부분은 B.N.M.P(Back nape medium point)의 길이 3~4cm로 클리퍼를 사용하여 커트한다.

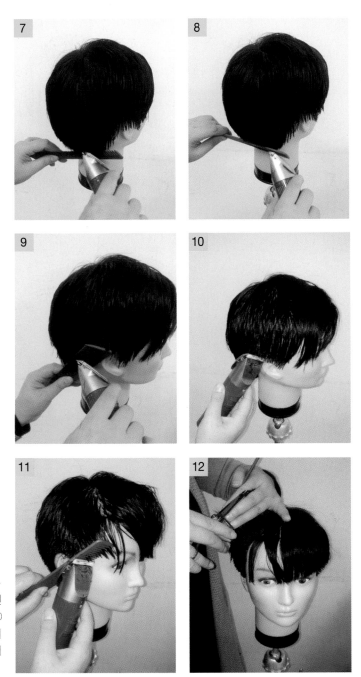

측두부(옆머리)는 네이프와 연결하여 2~3cm를 낮은 각도 (20도-30°)로 시작해서 귀 중간에서 2~3cm(손가락 1개 반) 정도 올려 깎아 구레나룻에 맞춘다.

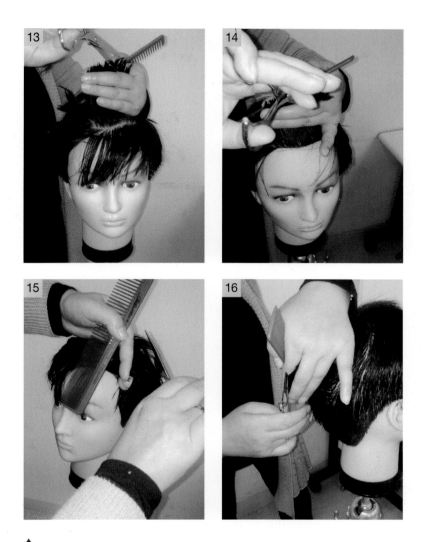

▲
T.P(Top point)에서 C.P(Center point)는 전두부(앞머리) 부분으로 모발을 7~8cm로 커트한다.

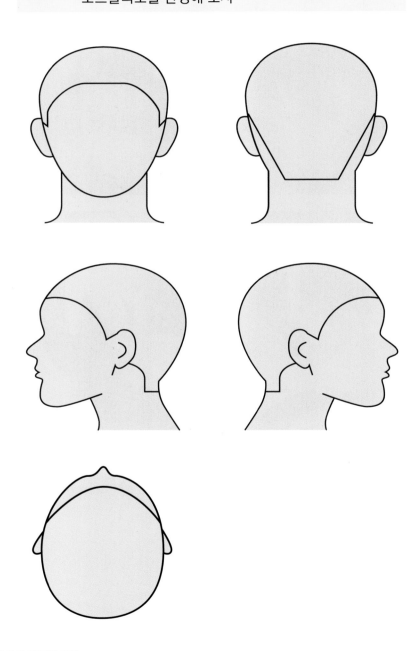

PART 03

30~40대 남성을 위한 커트

① C.P : 6~7cm, T.P 6~7cm, G.P 4~5cm, B.P 2~3cm N.P 0~1cm

② 전두부(앞머리) 부분에 모발을 7~8cm에서 커트한다.

③ 측두부(옆머리) 낮은 각도(40~50°)로 시작해서 귀 중간에서 3~4cm 정도 올려 깎아 구레나룻에 맞춘다.

④ 네이프 후면 부분은 4~5cm(손가락 3개) 정도 클리퍼를 사용하여 측두부 3~4cm(손가락 2개) 정도 연결하여 커트한다.

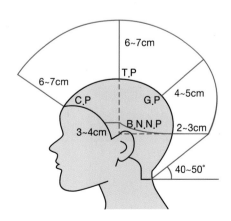

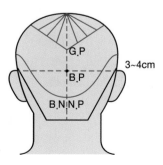

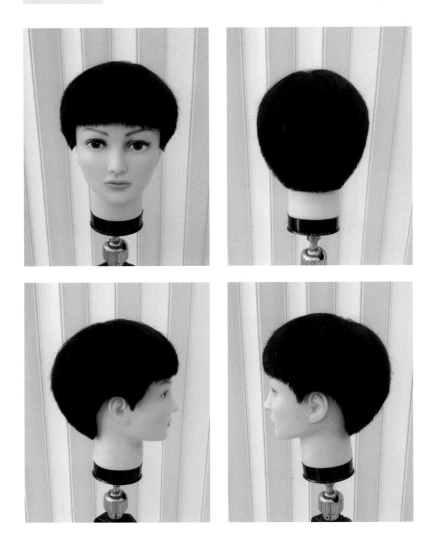

■ 30~40대 남성을 위한
  커트 시술 과정

◄
네이프 부분은 B.P(Back point)
의 길이 2~3cm로 클리퍼를 사
용하여 커트한다.

▶

B.P(Back point) 2~3cm에서 시작하여 T.P(Top point) 6~7cm가 되도록 점점 길게 연결하여 커트한다.

▶

측두부(옆머리)는 네이프와 연결하여 3~4cm를 중간 각도(40~50°)로 시작해서 귀 중간에서 3~4cm(손가락 2개) 정도 올려 깎아 구레나룻에 맞춘다.

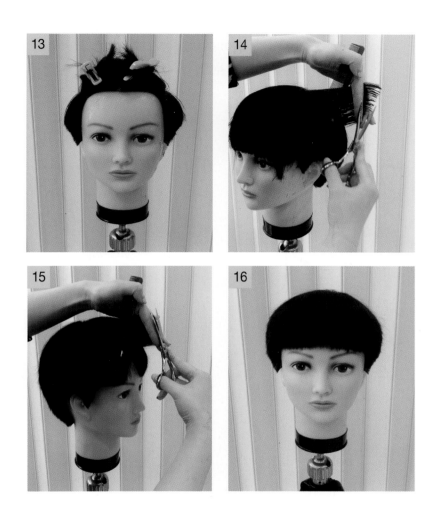

▲
T.P(Top point)에서 C.P(Center point)는 전두부(앞머리) 부분으로 모발을 6~7cm로 커트한다.

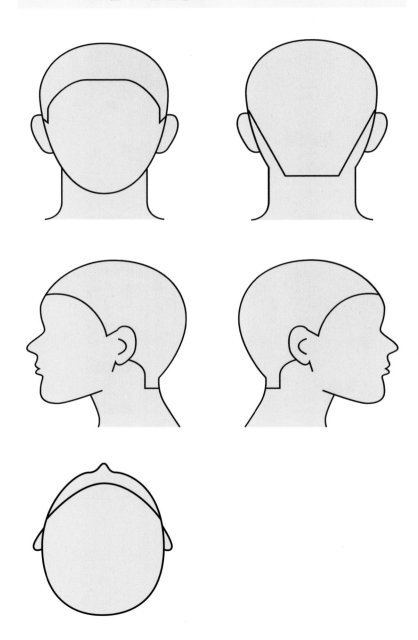

PART 04

10~20대 남성을 위한 커트

① C.P 5~6cm, T.P 5~6cm, G.P 3~4cm, B.P 1~2cm N.P 0~1cm

② 전두부(앞머리) 부분에 모발을 5~6cm에서 커트한다.

③ 측두부(옆머리) 중간 각도(60~70°)로 시작해서 귀 중간에서 4~5cm 정도 올려 깎아 구레나룻에 맞춘다.

④ 네이프 후면 부분은 5~6cm(손가락 4개) 정도 클리퍼를 사용하여 측두부 4~5cm(손가락 3개) 정도 연결하여 커트한다.

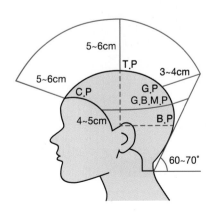

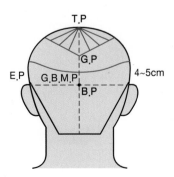

완성 사진

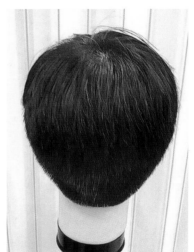

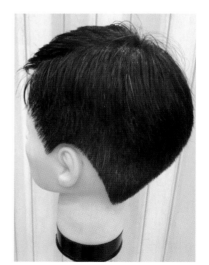

■ 10~20대 남성을 위한 커트 시술 과정

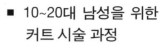

네이프 부분은 B.P(Back Point) 1~2cm, G.B.M.P(Golden back medium point)의 길이 3~4cm로 클리퍼를 사용하여 커트한다.

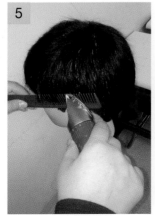

◀

측두부(옆머리)는 네이프와 연결하여 4~5cm를 높은 각도 (60~70°)로 시작해서 귀 중간에서 4~5cm(손가락 3개) 정도 올려 깎아 구레나룻에 맞춘다.

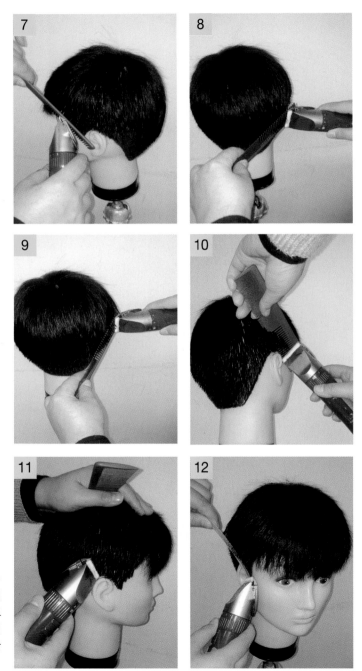

측두부(옆머리)는 네이프와 연결하여 4~5cm를 높은 각도 (60~70°)로 시작해서 귀 중간에서 4~5cm(손가락 3개) 정도 올려 깎아 구레나룻에 맞춘다. ▶

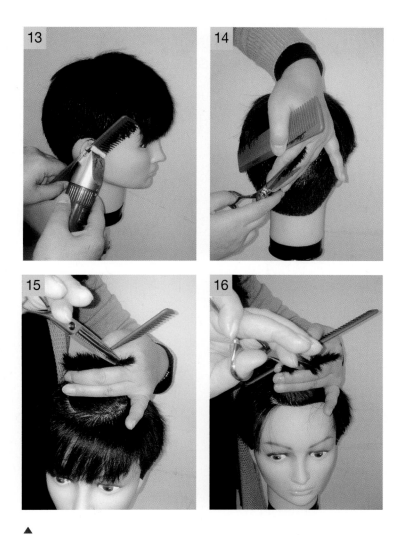

▲
T.P(Top point)에서 C.P(Center point)는 전두부(앞머리) 부분으로 모발을 5~6cm로 커트한다.

과제 10~20대 남성을 위한 커트를 따라해 보고
포트폴리오를 완성해 보자

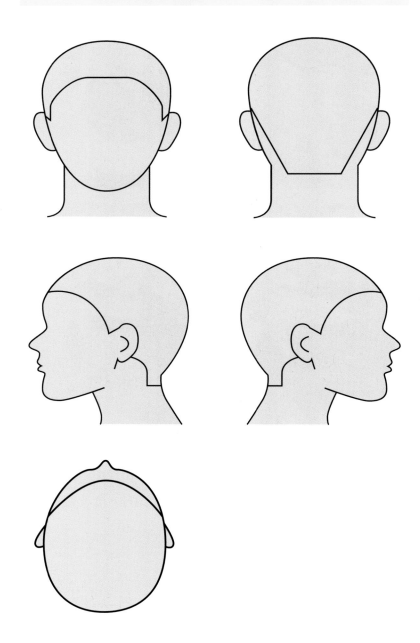

PART 05
어린이를 위한 커트

■ 어린이 볼륨 퍼머 & 컬러 & 커트

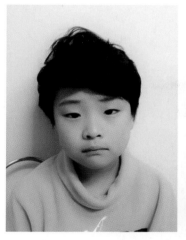

과제 어린이들을 위한 커트를 따라해 보자

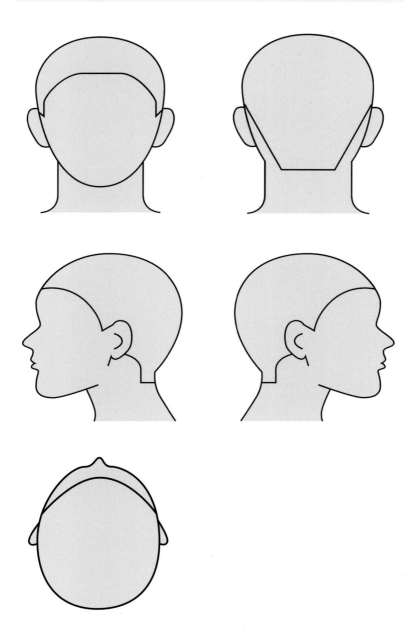

CHAPTER 5

개성 있는
트렌드 커트

PART 01

트렌드 남성 커트의 **종류**

1) 스크래치 커트(Scratch Cut)

남성 헤어 스타일에서 반삭이나 삭발된 모발에 최대한 두피 가까이 하여 긁어내듯 선이나 기호, 문자 숫자 등을 새겨 넣는 것이다. 3, 6, 9, 12mm로 반삭을 하고 포인트를 주고 싶은 곳에 스크래치 클리퍼나 가위로 포인트를 넣어 주는 스타일이다. 보통 6mm로 커트한 후 모양을 새겨 넣는 것이 스크래치 느낌을 살리는데 가장 효과적이다.

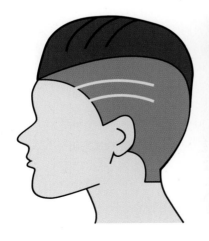 

TIP

원하는 모양에 맞추어 섹션을 나누고 핀셋으로 깔끔하게 고정한다.
작은 클리퍼를 사용하면 세세하고 작은 모양을 표현하기에 용이하
고, 큰 클리퍼를 사용할 시에는 빗을 대고 직선 느낌의 스크래치를
표현하기에 더 용이하다.

2) 샤기 커트(Shaggy Cut)

'깃털처럼 가볍다'는 뜻을 가지고 있으며, 모발 끝을 일률적인 길이로 자르지 않고 불규칙하게 커트함으로 보다 움직임이 있으며, 모발 끝을 최대한 가볍게 질감 처리해 주는 커트이다. 모발 끝 라인을 불규칙하게 라인이 없고 가볍게 처리해 주는 것이 포인트 이다.

TIP

틴닝 가위를 사용하여 불규칙하게 커트를 해주면 된다. 섹션을 나누지 않고 손으로 어림잡아 가볍게 디자인하고 싶은 부분을 균일하지 않게 처리하거나 모발 중간 부분이나 끝 부분을 위주로 커트한다.

3) 레이어 커트(Layer Cut)

　전체적으로 층이나 있으며 위쪽이 짧고 아래쪽으로 갈수록 길어 지는 형태이며, 모발을 전체적으로 두피에서 90° 각도로 커트하는 것이다. 로우 레이어 커트는 기본 90° 각도로 커트하고, 미듐 레이 어 커트는 120° 각도로 잘라주고 하이 레이어는 120° 이상으로 잡 고 잘라주면 된다. 질감을 많이 처리하게 되면 사기 커트와 비슷하 게 보일 수 있다.

TIP

두상에 따른 각도로 모발을 두상에 90° 이상으로 들어서 커트해 준다. 모발에 두상의 각도만큼 층이 많이 나게 되고 가벼워 보인 다. 빗을 두상이랑 모두 같은 간격으로 맞추어 들어서 커트를 하 는데 두상이 둥글기 때문에 모발의 길이가 거의 동일하게 커트가 되거나 미듐 레이어나 하이 레이어로 커트할 때는 위로 갈수록 길 이가 짧아진다. 모발을 앞쪽으로 당겨서 자른다.

4) 모히칸 커트(Mohican Cut)

    중앙 라인의 모발은 길게 남겨 두고 옆 부분은 짧게 커트하는 스타일로 앞머리와 옆머리가 짧고 톱이나 가마 부분으로 올라갈수록 점점 길어지게 커트하는 스타일이다. 닭볏처럼 중앙의 형태 선이 만들어지고 현재 연예인들이나 개성 있는 일반인들이 많이 하고 있는 커트이다.

TIP

클리퍼나 가위를 사용하여 사이드와 백을 짧게 커트한다. 톱 부분은 고깔모자를 쓴 이미지를 생각하며 얼굴 중앙선으로 갈수록 길이를 길게 자른다. 모든 커트가 연결이 가능하도록 빗의 각도를 이용하여 커트한다.

5) 울프 커트(Wolf Cut)

윗부분에서부터 심하게 층이진 커트이고, 야성적이고 터프한 이미지를 풍기는 스타일의 커트이다. 언더존과 오버존으로 나누었을 때 언더존은 최대한 기장을 길게 하고 오버존은 최대한 짧게 잘라서 볼륨을 살려 주는 스타일이다. 라인의 가벼움과 톱의 질감 처리로 가벼운 볼륨을 살려 주는 것이 포인트이다.

언더와 오버의 비대칭 커트라고도 할 수 있다.

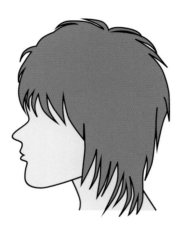 

TIP

섹션을 좌측 프론트 사이드 포인트에서 골든 포인트, 우측 프론트 사이드 포인트까지 연결하여 위쪽과 아랫부분을 나누어 놓는다. 아랫부분은 길게 늘어뜨리듯 커트하고 위쪽 부분은 볼륨이 살도록 두상 각도로 90°나 120°로 들어서 짧게 잘라 준다. 위쪽 부분과 아랫부분을 연결시켜서 포인팅으로 커트한다.

6) 레이저 커트(Lazer Cut)

　모발의 끝을 가볍고 가늘게 하기 위해 레이저를 이용하는 커트
이다. 커트를 할 때 가위 대신 레이저을 사용하는 스타일이다.

　모발 끝이 테이퍼링 되어 아주 가볍게 느껴지며, 가벼운 끝 라인
연출이 가능한 커트로 질감 처리하기가 쉽다. 단점은 레이저의 칼
날로 인해 모발 끝이 갈라지는 경우가 있다.

TIP

젖은 머리에 세로 섹션을 나누고 위에서 아래 방향으로 레이저
를 사용하여 커트한다. 섹션의 크기는 넓게 잡지 않고 끝에 머
리가 남도록, 다 커트되지 않도록 주의하며 커트하여 준다.

7) 스파이키 커트(Spiky Cut)

머리에 날카로움을 주어 못 같은 이미지를 주는 커트로 스파이크 바닥이나 못을 거꾸로 세워둔 듯한 느낌이다. 또한, 모발 끝을 삐죽삐죽하게 잘라 주는 것이 포인트이다.

TIP

고슴도치같이 삐죽삐죽한 모양으로 커트를 한다. 블런트가위를 사용할 시엔 가위를 세로로 세워서 포인팅 기법으로 커트하고 틴닝을 사용하여 끝 머리를 가볍게 처리한다.

8) 스트로크 커트(Stroke Cut)

가위 테크닉을 이용하여 모발을 가볍게 하며 모발에 율동감, 볼륨감, 방향감, 질감 등을 부여하며 만들어 내는 커트로 스트로크 테크닉을 사용하는 스타일이다. 업 스트로크 기법, 사이드 스트로크 기법, 다운 스트로크 기법 등 각종 스트로크 기법을 사용해 가벼우면서도 무게감이 느껴지는 스타일 연출을 한다.

TIP

가위를 사용하여 마른 모발에 사용하는 테크닉이다. 마른 모발에 아래에서 위쪽 방향으로 빗으로 빗어 올라가며 가위가 아래에서 따라 올라가는 커트이다. 모발 사이사이를 빗과 함께 질감을 정리하는 것으로 긴머리일 시에는 모발 중간 중간을 커트하기도 한다.

9) 댄디 커트(Dandy Cut)

모발의 끝 부분을 위주로 질감 처리를 하여 가벼우면서도 차분하며 깔끔한 스타일의 커트이다. 전체적으로는 무게감을 주고 모발의 끝 부분을 가볍게 처리함으로써 튀지 않고 단정하면서도 멋을 살릴 수 있는 귀족풍의 헤어 스타일이다. 가벼움 속에서 무거움이 느껴지는 것이 포인트이다. 댄디한 느낌과 디스커넥션 테크닉을 사용하여 캐주얼한 느낌을 연출하는 커트이다.

TIP

뒷머리는 클리퍼 사용을 최소화하고 가위를 사용하여 너무 짧지 않은 느낌으로 커트한다. 귀가 보이게 가위로 깔끔하게 정리하고 윗머리는 살짝 들어 올려 층이 나게 커트하는데 앞머리는 앞으로 내려서 빗질한 후 블런트로 커트하고 방사선 섹션으로 다시 나누어 포인팅 기법으로 커트하여 무게감을 줄여 준다.

10) 인디 커트(Indie Cut)

앞머리와 옆머리가 짧은 인디풍의 언밸런스 스타일의 커트이다. 앞머리와 옆머리를 극단적으로 짧게 잘라 주고 톱이나 가르마로 올라갈수록 점점 길어지게 잘라 주는 것이 포인트이다. 뒷머리는 길게 남겨 두는 것이 좋다. 인디언풍의 스타일로 앞머리와 옆머리를 극단적으로 짧게 해주어야 한다. 인디 커트는 모히칸과는 다르게 앞머리만 짧고 다른 쪽은 길다. 가볍고 모던한 스타일로 누구나 쉽게 손질이 가능하다.

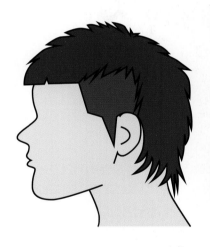 

TIP

옆머리와 앞머리는 클리퍼를 사용하여 두상에 밀착하듯이 짧게 커트한다. 점점 윗머리로 갈수록 백포인트 부분으로 갈수록 길게 가위를 사용하여 커트한다.

11) 어시메트리 커트(Asymmetry Cut)

　좌·우 비대칭적인 스타일 커트이다. 좌측을 짧게 하고 우측을 길게 하거나, 우측을 짧게 하고 좌측을 길게 하는 스타일이다.

TIP

모발을 짧게 자를 부위를 기준으로 정하고 다른 모발을 당겨와서 커트한다. 좌측을 짧게 하기로 정하였으면 좌측으로 우측의 모발을 당겨와서 커트하면 우측의 모발이 길게 남겨진다. 톱 부위도 마찬가지로 모발을 들어 올려 한쪽을 기준으로 잡아 당겨와서 커트해 준다.

12) 레고 커트(Lego Cut)

  층이 없이 일자로 커트한 스타일로 전체적인 라인을 일자로 잘라 주는 스타일이다. 앞에서부터 뒤까지 모든 끝 라인은 일자 느낌이 나야 되는 것이 포인트이다. 머시룸 커트와 레고 커트 모두 같은 느낌이다. 라인을 제외한 부분은 굳이 층이 없게 하기보다 층이 있거나 질감 처리가 들어가도 된다.

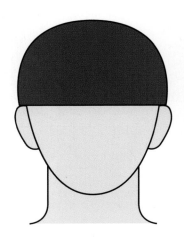

> **TIP**
>
> 모발을 모류의 방향대로 빗질을 해준다. 가위나 클리퍼를 사용하여 자연 각도 0°로 라인을 모두 연결되게 커트해 준다.

13) 뱅 스타일 커트(Bang Cut)

　앞머리를 대각선 뱅 스타일로 커트하는 스타일로 앞머리를 좌측이나 우측으로 깻잎 모양으로 돌려주는 스타일이다.

　나머지 부분은 상관이 없고 앞머리 연출만 포인트가 되는 스타일이다. 앞머리에 포인트를 줄 때는 층이나 질감 처리 없이 일자로 연출해서 이마가 보이지 않도록 커트하고, 옆으로 돌려주면 더욱 뱅의 표현이 잘된 스타일이 연출된다.

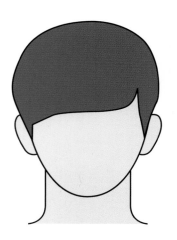

TIP

앞머리를 대각선으로, 즉 한 방향으로 빗질하여 층이 나지 않게, 질감 정리하지 않고 커트해 준다. 이마를 가리도록 너무 짧지 않은, 눈썹이 한쪽은 보이고 한쪽은 많이 보이지 않는 길이로 커트한다.

14) 투블럭 커트(Two-Block Cut)

디스커넥션 커트 또는 블록 커트라고 말한다. 두 개의 블록을 나누어 옆머리 라인은 짧게 커트하고 윗머리 부분은 길게 남겨 두는 스타일이다.

TIP

투블럭을 할 라인을 핀셋으로 나누어 준다. 프론트 사이트 포인트 부분과 뒤쪽은 골든 백 미디움 포인트 부분을 기준으로 나눠서 핀셋으로 고정한 뒤 언더존은 클리퍼를 사용하여 짧게 커트한다. 윗부분은 가위를 사용하여 가르마를 타거나 앞으로 내려 커트해 준다.

02 PART
트렌드 커트 **따라 하기**

1) 휴(쉼표)커트

스트레스가 많은 현대 사회에 현실 극복을 위해 스스로의 삶을 위한 필수 에너지를 커트에 접목하고자 휴커트라고 명명한 커트이다.

어린이 휴커트 완성 이미지

성인 휴커트 완성 이미지

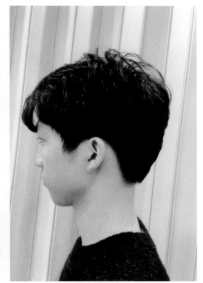
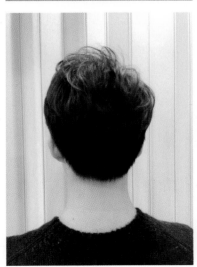
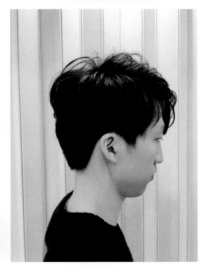

■ 휴커트 시술 방법

① U자 섹션(프론트 사이드 포인트에서 골든 포인트를 지나 다시 프론트 사이드 포인트까지 연결되는 둥근 섹션)을 나누어 핀셋으로 고정한다.

② 아랫부분과 사이드는 각도를 50~60° 정도로 들어 클리퍼를 이용하여 커트해 준다. 각도가 너무 높거나 낮지 않도록 주의한다.

③ 피봇 섹션으로 백 부분을 두상에서 90°로 들어 볼륨감이 있도록 커트한다.

④ 앞머리는 좌측과 우측 중 어느 부분을 길게 할지 정하여 길게 할 부분의 반대편 프론트 사이드 포인트를 중심으로 빗질을 나누어 해준다. 짧게 할 부분은 아랫부분과 가위로 연결하여 세로 섹션을 사용하여 커트해 준다. 빗질을 한 부분(가르마를 탄 곳)에서 양쪽 2cm씩 90°로 들어서 5~7cm로 커트해 준다. 길게 할 부분이 우측이라면 좌측으로 당겨서 모발을 커트해 준다. 클리퍼를 사용하여 헤어 라인을 정리해 준다.

TIP

스타일링 시 앞가르마 탄 부분(프론트 사이드 포인트)을 중심으로 짧은 부분은 단정하게 내려서 손질하고 긴 부분은 쉼표처럼 반원형의 모양을 만들어 스타일링해 준다.

■ 휴커트 시술 과정

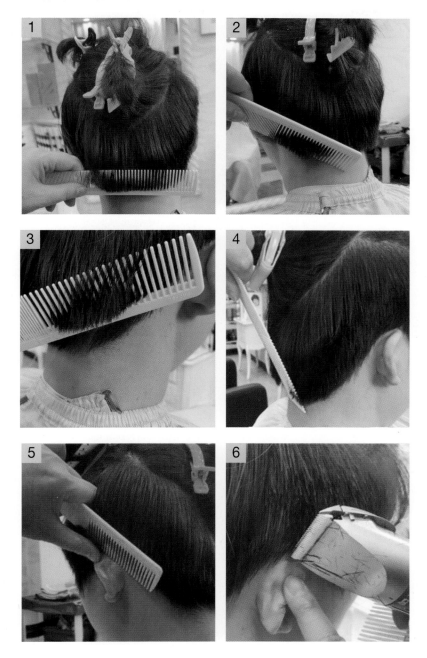

2) 투블럭 포마드 커트

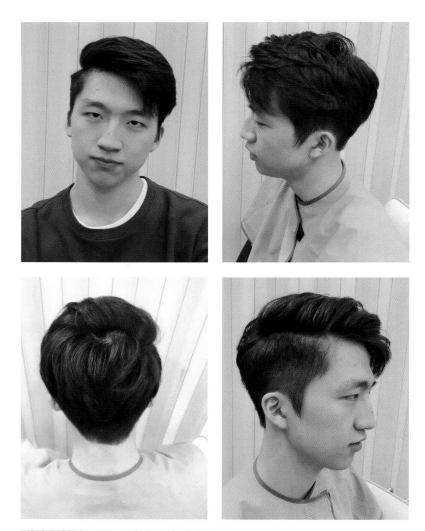

성인 투블럭 포마드 커트 완성 이미지

■ 투블럭 포마드 시술 방법

① 깊은 U자 섹션(프론트 사이드 포인트에서 백 포인트를 지나 다시 프론트 사이드 포인트까지 연결되는 둥근 섹션)을 나누어 핀셋으로 고정한다.

② 아랫부분과 사이드는 각도를 60° 정도로 들어 클리퍼를 이용하여 커트해 준다. 각도가 너무 높거나 낮지 않도록 주의한다. 혹은 클리퍼 잭(3, 6, 9mm)을 사용하여 밀어준다.

③ 피봇 섹션으로 백 부분을 두상에서 90°로 들어 볼륨감이 있도록 커트한다.

④ 앞머리는 가로 섹션으로 톱 부분과 동일한 길이로 높이 들어 커트해 준다. 프론트 사이드 포인트 아랫부분은 이미 클리퍼로 커트가 된 상태이므로 연결하지 않고 길게 톱 부분만 연결되게 커트하면 된다.

⑤ 클리퍼를 사용하여 헤어 라인을 깔끔하게 정리해 준다.

TIP

스타일링 시 앞가르마 탄 부분(프론트 사이드 포인트)을 중심으로 좌측이나 우측 중 원하는 방향으로 뒤로 쓸어서 넘겨 준다.

■ 투블럭 포마드 시술 과정

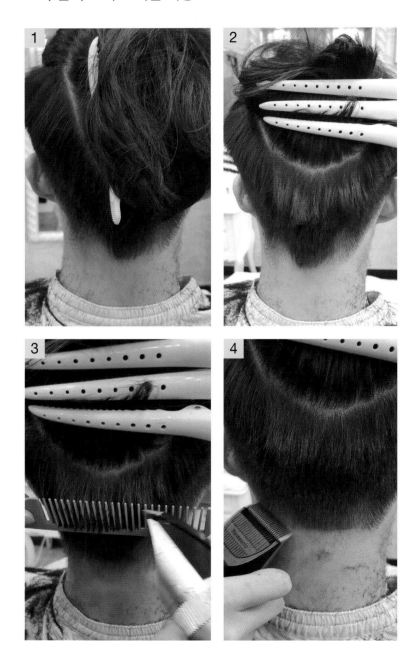

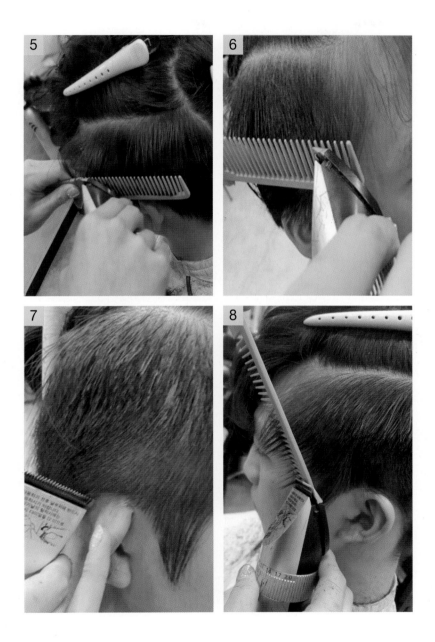

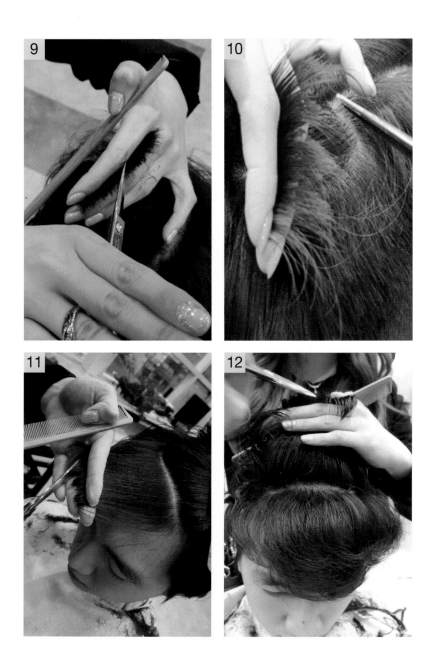

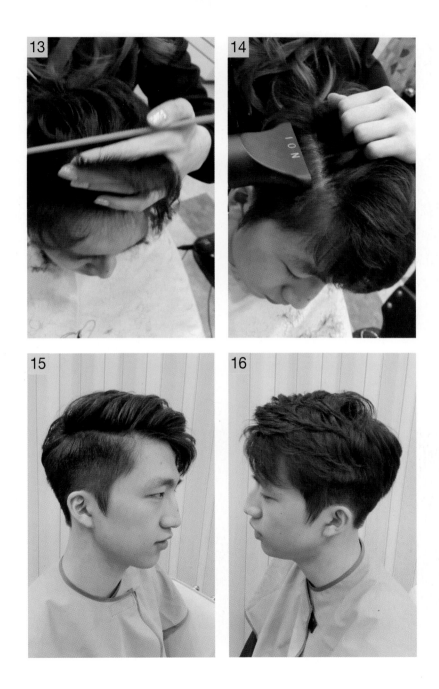

3) 투블럭 모히칸 커트

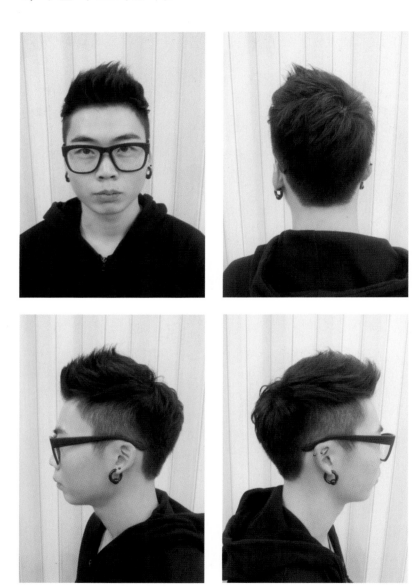

투블럭 모히칸 완성 이미지

■ 투블럭 모히칸 시술 방법

① U자 섹션(프론트 사이드 포인트에서 골든 포인트를 지나 다시 프론트 사이드 포인트 까지 연결되는 둥근 섹션)을 나누어 핀셋으로 고정한다.

② 아랫부분과 사이드는 각도를 60~70° 정도로 들어 클리퍼를 이용하여 커트해 준다.

③ 피봇 섹션으로 백 부분을 두상에서 90°로 들어 볼륨감이 있도록 커트 한다.

④ 앞머리는 머리를 들어 올렸을 때 센터 라인을 중심으로 가장 길게 남 기고, 프론트 사이트 포인트의 사이드 커트한 아랫부분과 연결하여 위 로 갈수록 길게 커트해 준다. 센터 포인트와 톱 포인트를 중심 라인으 로 길게 가이드를 먼저 커트해 주고, 앞에서 보았을 때 이등변삼각형 이 되도록 손의 각도를 잡아 주면 된다.

⑤ 클리퍼를 사용하여 헤어라인을 깔끔하게 정리해 준다.

TIP

스타일링 시 손에 왁스를 바르고 손바닥으로 문지른 뒤 사이드에서 톱 으로 올라가게 스타일링 해준다.

■ 투블럭 모히칸 시술 과정

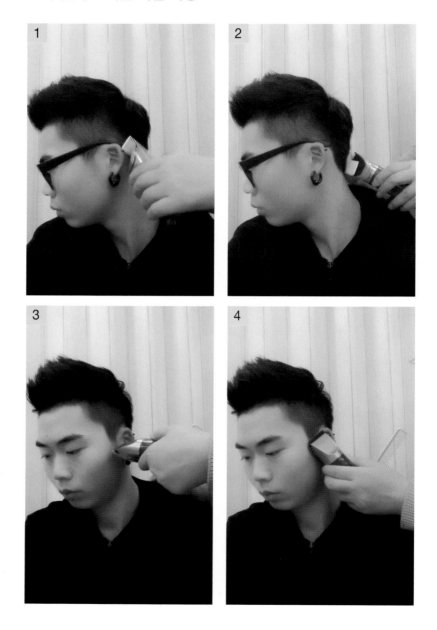

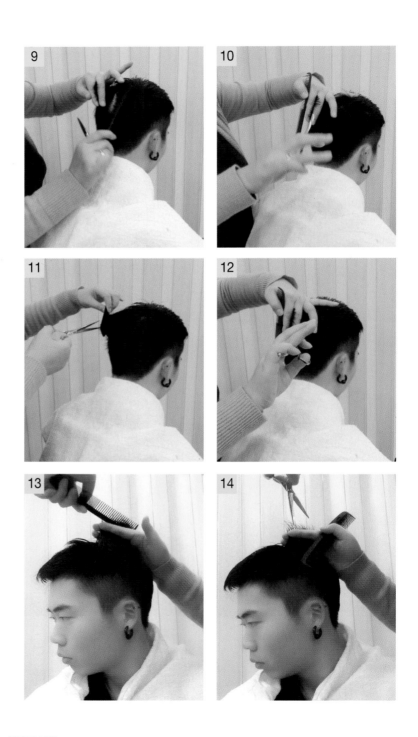

다양한 트렌드 헤어스타일

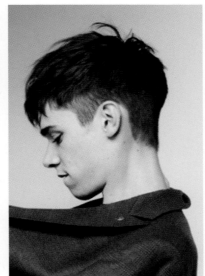

투블럭 포마드 커트를 따라 해보자

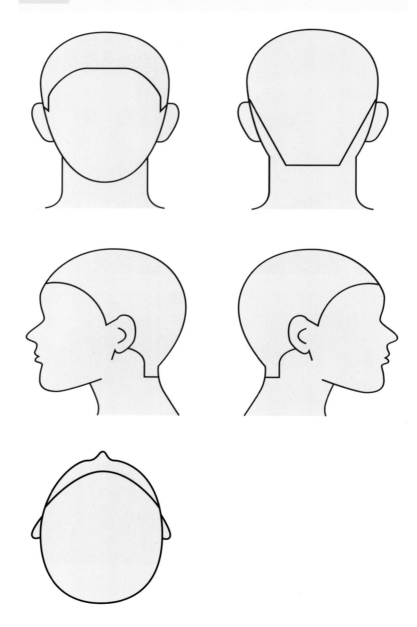

CHAPTER 6

헤어 디자인 연출 방법

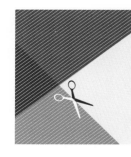

PART 01
얼굴형에 따른 커트와
가르마 스타일링 연출 방법

1) 둥근 얼굴형 ○

둥근 얼굴형은 중간 상고나 높은 상고형의 스타일이 어울린다. 층이 좀 있는 디자인 커트로 톱 부분의 볼륨감을 살리면 둥근 얼굴형의 단점을 보완할 수 있다. 펌을 하여 톱 볼륨을 살리고 측두부는 뜨지 않게 이마를 드러내는 스타일이 얼굴을 갸름하게 보일 수 있다. 가르마 위치는 5:5나 6:4로 하는 것이 효과적이다.

2) 역삼각형의 얼굴형 ▽

　이마가 넓고 턱이 뾰족한 얼굴형의 경우는 중간 상고나 댄디 스타일 커트를 권한다. 웨이브가 있는 스타일이나 윗머리 길이 조절 시 짧게 선택하거나 위로 뾰족하게 올리는 스타일링 연출을 주의하여야 한다. 이마를 가리는 스타일이나 옆머리가 붕 뜨지 않는 스타일을 제안할 수 있다. 가르마 방법은 2:8이나 9:1을 한 후 볼륨을 높게 하는 것이 효과적이다.

3) 긴 타원형의 얼굴형 ◯

　길고 둥근 턱을 가진 얼굴형의 경우 톱 부분의 볼륨이 과도하면 안 된다. 짧은 스포츠머리나 높은 상고, 모히칸 스타일을 주의하고 댄디 스타일의 앞머리로 이마를 가려 주어 긴 타원형의 얼굴을 커버할 수 있는 스타일을 추천한다. 디자인 커트의 경우 비대칭 앞머리도 길고 둥근 얼굴형을 보완하는 데 도움이 되는데, 이때 비대칭의 각도가 과도하지 않는 것이 포인트이다.

　가르마는 7:3 또는 U형 가르마 또는 사선 가르마를 선택하여 부드럽고 세련된 도시적인 이미지로 연출하도록 한다. 다만 5:5 가르마는 피해 주는 것이 좋다. 사이드 부분은 볼륨을 살려 주어 스타일링을 자연스럽게 연출하는 것이 포인트이다.

4) 마름모형의 얼굴형 ◇

　마름모형의 얼굴은 측두부의 모발 볼륨을 줄이지 않고 살려 주는 스타일을 권한다. 마름모형은 광대뼈가 옆으로 돌출된 경우가 많은 편으로 장발 헤어 스타일을 추천할 만하다. 톱의 볼륨감은 적당히 살려 주고 앞머리를 길게 하지 않는 스타일을 제안한다. 너무 짧고 높은 상고나 스포츠형은 주의하여야 한다.

5) 사각형의 얼굴형 ☐

　사각형 턱을 가진 경우에는 모발 전체를 이용하여 얼굴을 갸름하고 동그랗게 보일 수 있는 디자인 스타일의 커트를 추천한다. 모발의 길이가 너무 길 경우 얼굴이 처져 보일 수 있으니 중간 상고형이나 톱에만 볼륨 펌을 하는 것도 추천할 만하다.

　가르마는 2:8나 C형 가르마를 선택한다면 부드러운 곡선으로 조화롭게 어울릴수 있도록 연출한다. 일직선보다는 활동적으로 좀 더 어려 보일 수 있는 C형 가르마나 지그재그 가르마가 효과적이다.

02 PART
다양한 스타일링 연출

1) 포마드 퍼머

■ 포마드 퍼머 완성

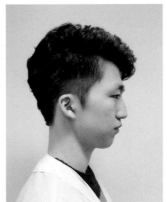
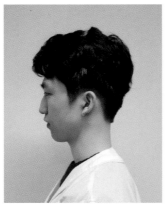
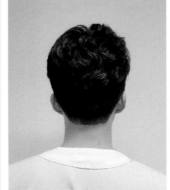

■ 포마드 퍼머 과정

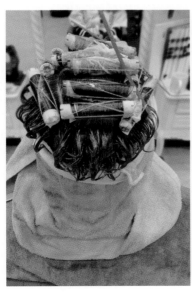

2) 볼륨펌

■ 볼륨펌 완성

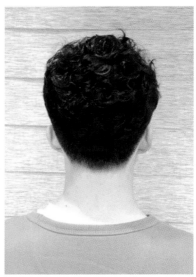

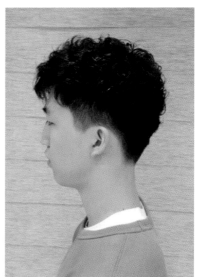

■ 어린이 볼륨펌 완성

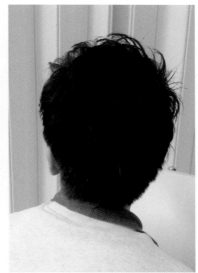

3) 다양한 헤어 스타일링

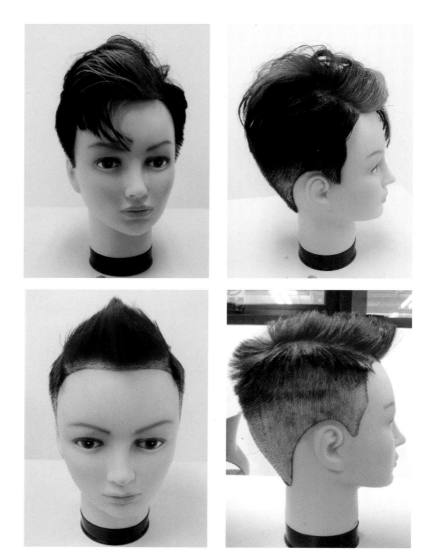

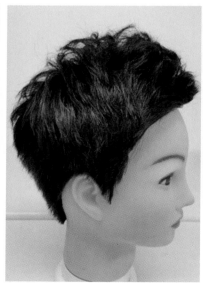

■ 일러스트 작품

과제 자신의 얼굴형에 대하여 살펴보고 어울리는 헤어 디자인을 조사하고 토론해 보자

CHAPTER 7

여성을 위한
생활 커트

20~50대 여성을 위한 헤어 스타일

1) 커트의 종류

(1) 원랭스 형

모발의 단차를 주지 않고 같은 길이로 잘라 한 선상에서 동일하게 떨어지는 스타일의 커트이다. 커트 시 중력에 의해 0°의 각도로 잘라 주며 강한 텐션을 피하고 빗의 텐션을 이용한다. 전대각 원랭스는 앞 쪽이 길어지도록 층이 없이 잘라 주는 커트이고 후대각 원랭스는 뒤 쪽이 길어지도록 층이 없이 잘라 주는 커트이다.

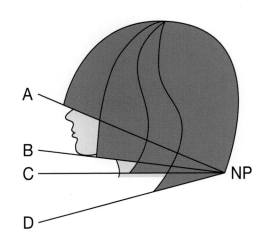

A~NP : 머시룸
B~NP : 이사도라
C~NP : 평행 보브
D~NP : 스파니엘

머시룸

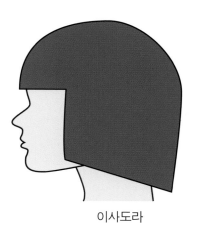

이사도라

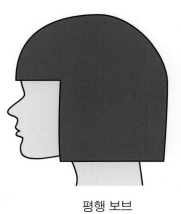

평행 보브

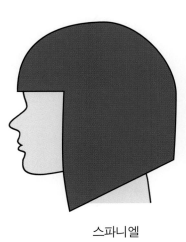

스파니엘

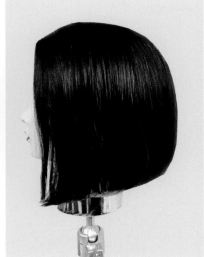

(2) 그래듀에이션형

네이프 모발의 길이가 가장 짧고 두정부로 올라갈수록 모발 끝이 쌓여서 길이가 길어지는 스타일의 커트이다. 커트 시 45°의 각도를 기준으로 낮은 각도로 커트하면 로우 그래듀에이션이라 하고 45°보다 높은 각도로 들어 올려 층을 많이 내는 스타일은 하이그래듀에이션이라 한다.

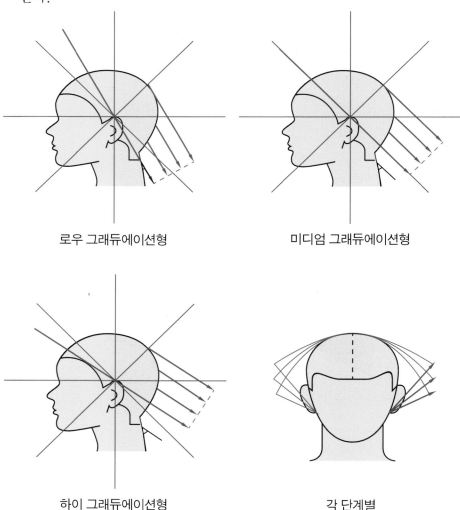

로우 그래듀에이션형

미디엄 그래듀에이션형

하이 그래듀에이션형

각 단계별

(3) 레이어드형

그래듀에이션보다 많은 층을 표현할 때 하는 스타일의 커트이다. 커트할 때 아래 모발을 길게 하고 위쪽 모발을 짧게 해서 두상 전체에 층을 쌓듯이 자르는 것이다. 레이어 커트 중 전체적으로 두상에서 90° 각도의 층을 내는 커트는 유니폼 레이어로 모발 전체의 기장이 같다. 인크리스레이어는 90° 이상 커트해서 층이 증가하는 스타일이다.

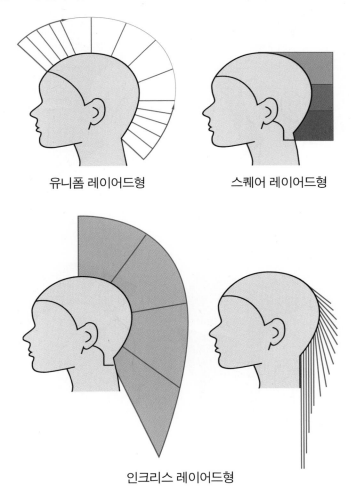

유니폼 레이어드형   스퀘어 레이어드형

인크리스 레이어드형

(4) 혼합형

두 가지 이상의 스타일을 조합한 커트 스타일이다. 원랭스와 그
래듀에이션, 레이어와 그래듀에이션을 혼합하여 커트의 느낌을 자
유롭고 창의적, 조화롭게 만들 수 있다. 각도와 라인의 구애 없이
스타일을 창조할 수 있는 스타일이다.

솔리드형   인크리스형

그래듀에이션형   유니폼형

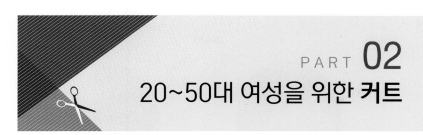

1) 20~30대 여성을 위한 긴머리 커트

① 전두부에서 직각으로 섹션을 잡아당긴다.

② 이때 모발의 각도는 각 두피에서 90°를 유지한다.

③ 전두부에서 잡아당긴 모발의 길이감을 측정한 후 커트를 한다.

④ 길이는 각자 정한다. (자르는 길이에 따라 층의 폭이 커지거나 작아진다.)

⑤ 손가락의 두 마디 정도에 들어가게 커트를 한 후 반을 남겨서 아직 자르지 않은 모발을 들어 올려 커트한다.

⑥ 이때 주의할 점은 두께에서 90° 각도의 감을 유지하는 것이다.

⑦ 측두부(옆머리) 부분도 전두부에서 시작한 커트의 기준 길이를 사용하여 수박 자르는 모양처럼 반대편의 측두부 부분에 연결하여 모발을 잘라 준다.

⑧ 얼굴 라인 부분을 층이 고르지 않으면 모발을 들지 않고 자연스럽게 커트하여 모발 끝 라인을 정리하여 준다.

■ 시술 과정 및 완성

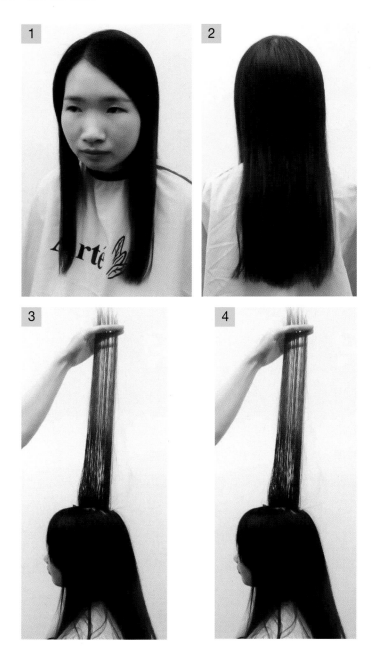

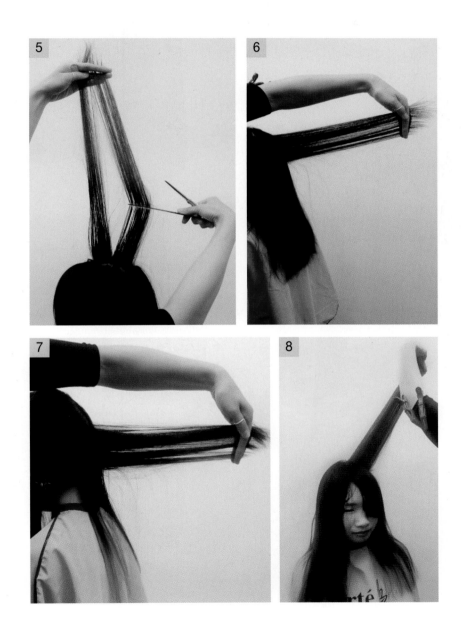

과제 20~30대 여성을 위한 긴머리를 따라 해보자

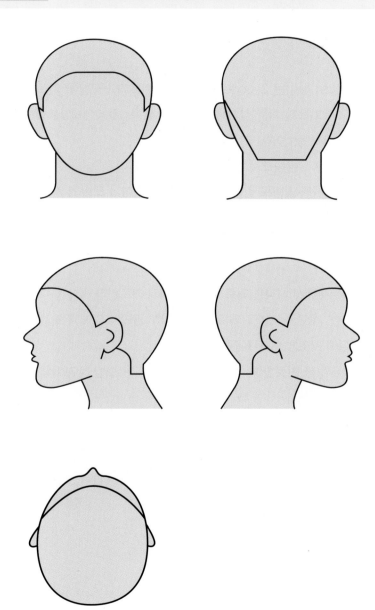

2) 40~50대 여성을 위한 중단발 커트

① 후두부에서 어깨 라인에 맞게 길이를 잡아 보고 커트를 시작한다.

② 모발의 높이는 2~3cm로 정하며 가운데부터 모발을 커트하여 모발 커트의 기준 길이를 정한다. (이때 주의할 점은 모발을 들지 않고 커트하는 것이다.)

③ 커트 후 오른쪽으로 방향을 움직여 커트한다.

④ 이때 몸의 방향도 같이 움직이며 몸의 중심과 모발의 커트 부분이 중앙이 맞아야 한다.

⑤ 오른쪽을 마무리하면 가운데로 다시 돌아와 왼쪽의 모발을 커트한다.

⑥ 후두부에서 시작한 커트를 전두부까지 커트한다.

⑦ 또한, 새로운 모발을 커트할 때 모발이 들리지 않게 주의하며 빗질이 고르게 되도록 주의한다.

⑧ 측두부를 커트할 때 후두부에서 기준이 된 모발의 길이에 맞추어 커트한다.

⑨ 모발의 전체를 일자로 만들고 싶으면 커트 후 드라이로 마무리를 해주고, 앞부분에 층을 내고 싶으면 귀 앞부분의 모발을 크게 잡아 모델의 코앞까지 당겨서 손의 모양을 둥글게 하고 커트하면 자연스런 층이 생긴다.

■ 시술 과정 및 완성

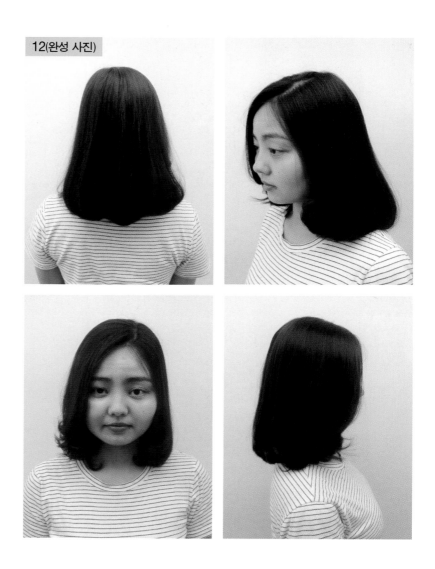

12(완성 사진)

과제　40~50대 여성을 위한 중단발 커트를 따라해보자

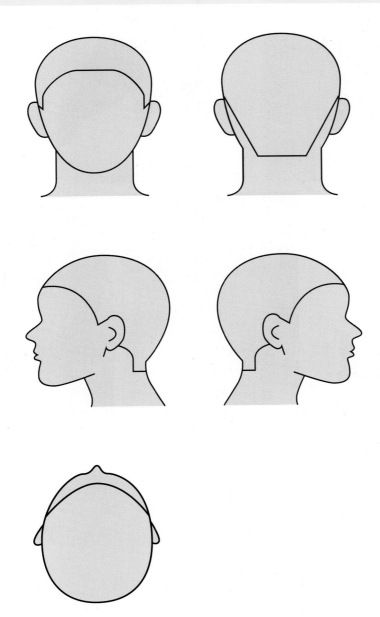

참고문헌

1. 《디자인 헤어커트》, 강갑연 · 최은정(2011), 광문각
2. 《c.c.c.남성커트》, 청구출판사(2008), 국제헤어디자인연구회
3. 《헤어디자인 설계론》, 박상국(2005), (주) 대명프린
4. 《그림으로 설명한 남성커트》, 최원희 외(2007), 광문각
5. 《미용학개론》, 채선숙 외(2010), 고문사
6. 《피터팬 바리깡》, 류정수
7. http//kbs.co.kr/news/얼굴형에 따른 가르마 연출법, 채선숙
8. (주)하성전자

저자소개

채선숙

서경대학교 일반대학원 미용예술학 박사
현) 정화예술대학교 미용예술학부 조교수
    한국우리머리연구소 원장, 평생교육사

중국 국가외국전문가국 미용전문가 한국대표(中华人民
共和国国家外国专家局)
채선숙뷰티클럽 대표 역임
채선숙박사의 한국샤면 헤어스타일 3회 개인전. 코엑스
미용학개론, 가모관리학. 쉽게 따라할 수 있는 우리머리
이야기, 미용문화사. 저

윤아람

서경대학교 미용예술학 박사
현) 수원여자대학교 미용예술학과
    중국 절강이공대학교 한중인물조형학과 교수

미소헤어샵 원장. 라본느 코스메틱 교육팀장
서울종합예술학교 미용예술학과 교수 역임

전혜민

서경대학교 미용예술학 박사
서경대학교 미용예술학과 학사졸업
현) 서경대학교 미용예술학부 외래교수
    정화예술대학교 미용예술학부 외래교수
    준오헤어 수석디자이너

남성 기초 커트 생활편

2017년	1월	10일	1판	1쇄	인 쇄
2017년	1월	16일	1판	1쇄	발 행

지 은 이 : 한국우리머리연구소
        채선숙 · 윤아람 · 전혜민 공저

펴 낸 이 : 박정태

펴 낸 곳 : **광 문 각**

10881
경기도 파주시 파주출판문화도시 광인사길 161
광문각 B/D 4층
등   록 : 1991. 5. 31 제12 - 484호
전 화(代) : 031-955-8787
팩   스 : 031-955-3730
E - mail : kwangmk7@hanmail.net
홈페이지 : www.kwangmoonkag.co.kr

ISBN : 978-89-7093-818-9   93590

값 : 19,000원

한국과학기술출판협회회원
KSPA